Bibliographie :

Per Olof Sundman, *Le voyage de l'ingénieur Andrée*, Paris, Gallimard, 1970.

Alvar Nùñez Cabeza de Vaca, *Relation de voyage (1527 – 1537)*, Arles, Actes Sud, 1989.

Alexandre de Humboldt, *Voyages dans l'Amérique Équinoxiale*, Paris, François Maspero / La Découverte, 1980.

© Éditions Thierry Magnier, 2008
www.editions-thierry-magnier.com
isbn 978-2-84420-700-5
Dépôt légal : novembre 2008
Loi n° 49-956 du 16 juillet 1949 sur les publications destinées à la jeunesse.
Achevé d'imprimer en terre lointaine italienne par Zanardi Group en octobre 2008.
Éditrice : Valérie Cussaguet
Conception graphique : Laurence Moinot
Photogravure : Color Way, Arras

EXPLORATEURS

Texte et gravures d'Olivier Besson

EDITIONS THIERRY MAGNIER

Álvar Núñez Cabeza de Vaca

Álvar Núñez Cabeza de Vaca (tête de vache) est un explorateur malgré lui. En effet, c'est en simple conquistador qu'il quitte l'Andalousie en 1527 – il a vingt ans – pour le Nouveau Monde que l'on appelle encore les Indes et dont la « découverte » par Christophe Colomb ne remonte qu'à trente-cinq ans.

Cabeza de Vaca est maître d'armes d'une expédition conduite par le fameux et terrible conquistador Pánfilo de Narváez, un homme violent qui a d'ailleurs perdu un œil en combattant Cortés au Mexique.

Le but de ce voyage est de conquérir, au nom de Charles Quint, une partie de ce Nouveau Monde, la Floride, découverte par Juan Ponce de León. Cette première expédition avait été si désastreuse que seuls trois hommes y avaient survécu, juste assez pour faire part de leur découverte avant de mourir à Cuba « des blessures infligées par les Indiens féroces* ».

Le gouverneur Pánfilo de Narváez se doit de faire mieux que son malheureux prédécesseur : il lui faut prendre possession de la terre de Floride au nom du « doux et bon souverain », fonder des villes et, si possible, convertir quelques aborigènes, à tout le moins les réduire en esclavage. L'essentiel reste pourtant de trouver de l'or.

*NDA : les passages entre guillemets sont extraits de *Relation de voyage (1527-1537)* d'Álvar Núñez Cabeza de Vaca, Actes Sud, 1989.

Les conquistadores
sont lâchement abandonnés
par leur flotte

Sa flotte de quatre navires contenant en tout quatre cents hommes et quarante chevaux atteint Cuba après dix mois de traversée. Déjà très éprouvée, elle essuie quelques terribles tempêtes au large de l'île et erre dans la baie de Tampa, dans le golfe du Mexique, victime du déplorable sens de l'orientation du pilote. Finalement les conquistadores parviennent à accoster, à charge pour le pilote incompétent de trouver un mouillage plus sûr.

À peine débarqués sur « cette terre étrange et belle », les conquistadores sont la cible des Indiens qui font mouche à tout coup, transperçant les plus solides cuirasses. Cependant, la rumeur selon laquelle on trouverait de l'or dans une ville nommée Apalachee galvanise les soldats : ils marchent vers l'intérieur de la Floride derrière le gouverneur Pánfilo de Narváez monté sur un cheval qui peine à le soutenir.

Les Espagnols sont épuisés par les escarmouches avec les Indiens qui, chaque fois, leur tuent un ou deux soldats. Ils ont faim aussi : Álvar Núñez Cabeza de Vaca décrit des villages désertés où sa compagnie de spadassins se jette sur les restes de repas abandonnés par les Indiens.

Finalement, ils parviennent à Apalachee, qui n'est qu'un gros village. Ils y trouveraient peut-être de l'or si les Indiens ne leur livraient une grande bataille dont les Espagnols se sortent très mal en point. « Comme les Indiens sont grands et qu'ils vont nus, on dirait des géants, la peur que nous en éprouvions nous les faisait paraître gigantesques », écrit Álvar Núñez Cabeza de Vaca dans sa *Relation de voyage*. Aussi les conquistadores préfèrent-ils faire demi-tour pour regagner, non sans « heurts et querelles » avec les Indiens, la côte où attendent, en principe, leurs navires.

Or, ils ne trouvent aucun vaisseau : la flotte est lâchement repartie pour Cuba. Les officiers et le gouverneur, réunis en conférence, parlent de rejoindre, vers l'ouest, la Nouvelle-Castille au Mexique qu'ils savent plus ou moins proche. Après des débats si houleux qu'un contradicteur est tué à coups de bâton, les hidalgos – qui redoutent de nouvelles attaques terrestres – décident qu'il est plus prudent de voyager par mer.

Tout le monde s'attelle donc à la construction d'embarcations de fortune : on abat les chevaux, désormais inutiles, pour étanchéifier les coques avec

leurs peaux, on fond les éperons et les étriers pour fabriquer les clous nécessaires à l'ajustage des charpentes et du mât, on retaille les chemises pour en faire des voiles.

Ainsi équipés, les Espagnols prennent la mer et suivent, de conserve, le rivage. Parvenus dans les eaux douces « d'un vaste et beau fleuve très puissant », le Mississippi, Pánfilo de Narváez, accompagné des hommes les plus valides, prend la tête de la flotte. Peu à peu, il distance les autres embarcations qu'il abandonne à leur sort. Cette lâcheté, qui scandalise Cabeza de Vaca, connaîtra un vertueux épilogue : alors qu'il faisait la sieste, l'embarcation Pánfilo de Narváez, poussée par le vent, disparaît vers le large et lui avec.

Faiseurs de miracles chez les Indiens

Le reste de la flotte se livre le long des côtes américaines à un cabotage d'autant plus pénible que les rafiots, mal construits, sombrent un à un avec leurs occupants.

L'esquif à moitié immergé de Cabeza de Vaca et de ses compagnons aborde un îlot : ils s'y accrochent et finissent par débarquer. Des quatre cents hommes, il n'en reste plus qu'une dizaine. Ils sont épuisés, perdus et désolidarisés : cet ultime épisode catastrophique a eu raison de toute camaraderie. Chacun se bat pour soi, selon ses moyens. Certains, faute de savoir nager, restent sur l'île. D'autres, dont Cabeza de Vaca, gagnent la terre ferme. Là, ils sont immédiatement cueillis par les Indiens de la côte texane qui les réduisent en esclavage : c'est ainsi qu'Álvar pêche des coquillages, ramasse du bois et fait d'autres besognes au côté des femmes, les seules à travailler dans cette société. Parfois, il reçoit des nouvelles de certains de ses anciens compagnons dispersés parmi d'autres clans.

Les rescapés de l'îlot – sur lequel il ne se trouve aucun Indien – ne subiront pas l'infamie de l'esclavage : « Ils se mangèrent les uns les autres jusqu'à ce qu'il n'en reste plus qu'un seul qui, précisément parce qu'il était seul, ne trouva personne pour le manger… »

Après deux ans d'asservissement, Álvar, las d'être maltraité et battu, finit par s'enfuir. Pour vivre relativement libre et en paix parmi les Indiens, il a l'heureuse idée de choisir un métier. C'est en tant que marchand et colporteur

qu'il parcourt le pays en échangeant « cœurs d'escargots, coquillages, dents de poissons » contre des peaux, de l'ocre rouge et des silex pour faire des flèches. En se livrant au commerce de produits essentiels aux tribus souvent ennemies, il se rend lui-même indispensable dans la mesure où leur état de guerre permanent les empêche de s'approcher et de faire du troc.

Au gré de ses pérégrinations de colporteur, Álvar Núñez Cabeza de Vaca finit par retrouver des survivants du désastre. Ils sont trois : Andrés Dorante, Alonzo del Castillo et le Maure Estevan, ancien esclave noir d'un officier de l'expédition. En leur compagnie, Álvar va parcourir d'immenses plateaux désertiques, côtoyant des peuplades opulentes ou si affamées qu'elles en sont réduites – et eux avec – à manger des chiens, des araignées et même parfois de l'herbe. À propos d'une tribu particulièrement famélique, il écrit : « Vraiment, si dans ce pays il se trouvait des pierres, ils les mangeraient. » Par bonheur, un jour Alonzo del Castillo accomplit un

« miracle » : des Indiens malades étant venus le trouver pour qu'il les guérisse, Castillo s'en acquitta avec succès d'un signe de croix et d'une prière. Désormais, ils sont réputés guérisseurs. Si Castillo est un praticien plutôt timoré, si Dorante et le Maure manquent de conviction, Cabeza de Vaca se taille une belle réputation de médecin en procédant à une délicate intervention chirurgicale sur un cacique.

Entourés de prestige, ils cheminent désormais avec une foule de milliers d'Indiens qui grossit au gré des villages traversés. Certains ne manquent pas de profiter de l'aubaine : tandis que les uns soignent les malades, les autres pillent leurs possessions. Il reste que les anciens esclaves sont désormais des dignitaires qui voyagent assez confortablement, portés par des Indiens, et qui mangent à leur faim. Au gré de leur avancée vers l'ouest, ils relèvent parmi les tribus des coutumes qui leur laissent penser, à raison, qu'ils s'approchent du Mexique.

Accomplissant encore çà et là quelques miracles, la bande de guérisseurs et de pillards traverse alors une région dont les villages sont déserts. Quelques Indiens apeurés leur parlent d'incursions « d'hommes blancs et barbus à cheval et munis de lances ». Un jour enfin, ils tombent sur un groupe de cavaliers. Ce sont des chasseurs d'esclaves envoyés par le sinistre gouverneur du Mexique, Nuño Beltrán de Guzmán.

À voir ces quatre hommes « ainsi nus et sans chaussures et brûlés par le soleil », les Espagnols peinent à reconnaître leurs compatriotes partis d'Andalousie sept ans auparavant, avec l'expédition de Pánfilo de Narváez.

Álvar Núñez Cabeza de Vaca, Andrés Dorante, Alonzo del Castillo et le Maure Estevan ont atteint la frontière entre le Texas et la province de Chihuahua au Mexique. Ils ont alors parcouru, par mer puis par terre, cinq mille kilomètres, longé ou traversé la Floride, l'Alabama, le Texas, le Mississippi, la Louisiane, pour enfin atteindre le Nouveau-Mexique. Ils ont côtoyé ou vu des tribus telles que les Séminoles, les Apaches, les Pueblos, les Zunis et les Navajos.

Étrange destin

Mais la vie aventureuse d'Álvar Núñez Cabeza de Vaca ne s'arrête pas là. De retour en Espagne, il est nommé par Charles Quint au poste de gouverneur de La Plata en Amérique du Sud. Il retraverse l'Atlantique. D'Asunción, au Paraguay, il décide une grande expédition vers le haut Pérou. Remontant le fleuve Paraguay, il atteint le pays des Incas. Ses errances et tribulations mexicaines ayant fait d'Álvar un homme sage et expérimenté, son nouveau voyage ne provoque aucune guerre ou escarmouche auprès des tribus dont il traverse le territoire. En revanche, il provoque la colère des colons espagnols d'Asunción en affranchissant tous les esclaves indiens du territoire qu'il gouverne. Cet abus de pouvoir lui vaut d'être expédié, les fers aux pieds, en Espagne. Condamné à six ans de prison, il sera gracié par Charles Quint, ce qui lui évitera la déportation à Oran.

Les aventuriers de cette époque furent souvent victimes de revers de fortune impressionnants…

Deux naturalistes au paradis

Le 21 MAI 1800, SUR LE CASIQUIARE, Nouvelle Andalousie.

Une pirogue passe lentement sur un fleuve très large bordé d'un mur de végétation touffue. Quatre rameurs indiens chantent sur un ton monotone et triste. La chaleur est intense, humide et le ciel couvert, comme toujours dans cette partie de l'Amazonie. La pirogue navigue au milieu du fleuve afin d'éviter la fureur des moustiques. Malgré cela les deux hommes blancs, qui se tiennent parfaitement immobiles au fond du canot, ont le visage et les mains gonflés de piqûres. Ils gisent au milieu d'un grand désordre de caisses, de malles et de cages habitées par de petits singes et des oiseaux.

Alexander von Humboldt et Aimé Bonpland voyagent ainsi, sur les fleuves et rivières d'Amazonie, depuis quatre mois.

Ils ont chaud, ils ont des crampes, le chant des Indiens déprime le baron von Humboldt qui de toute façon déteste la musique. Aimé Bonpland, lui, a terriblement envie de se gratter. Mais il sait qu'au moindre geste brusque l'eau rentrera dans la pirogue et mouillera ses précieux herbiers, objets de tant de soins et de travail. Pourtant, malgré tout cet inconfort, les deux voyageurs sont très heureux car ils voyagent au paradis : le paradis des naturalistes !

Mais, avant d'aboutir au milieu de ce grand fleuve, le voyage a commencé au Jardin des Plantes, à Paris.

C'est là qu'Aimé Bonpland, médecin et botaniste, a rencontré le baron prussien Alexander von Humboldt, ingénieur et géologue. Le premier est un petit homme d'allure assez banale, flottant dans des vêtements trop grands pour lui. Il porte sur le nez des lorgnons et a de magnifiques favoris. Tout cela lui donne un air un peu ridicule et très doux. Le baron von Humboldt, lui, est un gentilhomme allemand, la taille bien prise dans un uniforme vaguement militaire, le front large, les traits forts. C'est un jeune homme sûr de lui, mais il a le même air attentif et doux que son ami. Les deux naturalistes ont découvert qu'ils partageaient les mêmes rêves de grands voyages et de terres lointaines. Or il existe, au moment de leur rencontre, une région du monde presque entièrement fermée aux voyageurs étrangers : les provinces espagnoles de l'Amérique du Sud. Très vite ils projettent d'aller découvrir ensemble les richesses de ce continent. Ils commenceront par la descente du fleuve Orénoque.

Le méticuleux naturaliste Aimé Bonpland est passionné par la faune et la flore exotiques, c'est donc lui qui sera chargé de capturer les animaux, de naturaliser les insectes et de constituer un herbier.

Le baron von Humboldt, lui, fixera les longitudes, examinera les minéraux. La formidable collection d'instruments scientifiques qu'il compte emporter servira à évaluer les dimensions des fleuves et des montagnes, à observer le très lointain ou le tout petit et à prendre la température de l'air et de l'eau. Enfin, comme c'est un dessinateur d'une grande précision, c'est également lui qui dressera les cartes des régions traversées.

Le paradis

Autorisés par le roi d'Espagne à se rendre en Nouvelle Andalousie, ils embarquent à La Corogne sur la frégate *Pizzaro*, emportant avec eux une volumineuse panoplie d'explorateurs. Il y a la collection d'instruments scientifiques du baron : les baromètres, sextants, télescopes et autres microscopes, ainsi qu'une horloge astronomique dont seul le savant prussien sait se servir. Les bagages de monsieur Bonpland contiennent, eux, des fusils pour chasser les animaux, des produits pour les naturaliser, des filets à papillons et des herbiers… C'est un véritable laboratoire qui voyage avec eux !

Quand, plusieurs mois plus tard, les deux explorateurs arrivent sur la côte du Venezuela en Nouvelle Andalousie, ils ont l'impression d'aborder au paradis des naturalistes.

En dehors de la petite ville endormie de Cumanà, la région ne semble pas avoir changé depuis la découverte de l'Amérique. Devant cette nature tropicale opulente, Bonpland confie à son ami « qu'il va perdre la raison si toutes ces merveilles ne cessent pas bientôt » ! Ils sont entourés par des fleurs et des plantes extraordinaires qu'ils découvrent pour la première fois. Et ce ne sont pas les serres du Jardin botanique de Madrid, visitées avant leur départ, qui les ont préparés à tant de variétés et de richesses. Dans leur propre jardin vivent des tatous, des singes, de magnifiques perroquets et d'énormes coléoptères. La nuit, ils entendent striduler des millions d'insectes. Et une simple excursion de quelques kilomètres à l'intérieur du pays permet aux voyageurs d'observer des tamanoirs ou de surprendre de gigantesques anacondas. Ils voient même le fameux « tigre jaguar », le plus grand chat d'Amérique !

L'expédition des limites

Cependant, les deux naturalistes ne peuvent se contenter d'explorer l'orée de cet immense continent. Le projet de leur expédition est de traverser le pays jusqu'au fleuve Orénoque et de remonter jusqu'au bassin de l'Amazone dans les immenses forêts frontalières du Brésil. Cette région inconnue atteinte, ils comptent divaguer, explorer les cours d'eau et affluents de l'Orénoque. Chemin faisant, il faudra recueillir le plus possible de spécimens de la faune et de la flore. Les deux voyageurs espèrent aussi prouver l'existence d'un fleuve mythique, le Casiquiare. À la façon d'un canal, le Casiquiare relierait l'Orénoque au bassin de l'Amazone.

En dehors de légendes fabuleuses, les habitants de la côte ignorent tout des terres sauvages de leur propre pays. Ils mettent gentiment en garde les explorateurs contre un périple qu'ils jugent très risqué.

La dernière expédition dans ces forêts inconnues, conduite par Solano cinquante ans plus tôt et communément appelée « l'expédition des limites », est rentrée en piteux état. Les fièvres et les animaux sauvages ont décimé le groupe. Certains, dit-on, ont même été mangés par les Indiens. Pourtant les deux compagnons se mettent en route. Les instruments les

plus faciles à emporter sont chargés sur des mulets, tandis qu'eux montent des chevaux : le baron aussi élégamment qu'un officier de cavalerie et monsieur Bonpland plus maladroitement. Ainsi équipés, ils se dirigent vers les *llanos*, les grandes plaines au-delà des montagnes qui enserrent Caracas et mènent vers l'Orénoque.

La mine de graisse

Plusieurs jours après le départ, l'expédition n'est toujours pas sortie de la grande forêt qui borde la côte. Un soir, alors qu'ils vaquent à la collecte de spécimens, un Indien "catéchisé" s'approche d'eux et leur propose de le suivre. L'homme les guide dans un lieu étrange, une immense caverne qui semble engloutir la forêt vierge. Elle est tellement haute et vaste que les arbres, frangipaniers, acajous et ficus y poussent à leur aise. Toujours guidés par l'Indien, ils avancent et atteignent le fond de la caverne : dans l'obscurité règne un vacarme épouvantable. À la lumière d'une torche, monsieur Bonpland et le baron découvrent un spectacle saisissant. Des milliers d'oiseaux noirs sont autour d'eux, nichés dans les anfractuosités de la roche. Ce sont les guarachos, les habitants de la "mine de graisse", c'est ainsi que l'Indien les appelle. Certains, dérangés par la lumière, planent lourdement en croassant. Les autres sautillent maladroitement. Ils ont l'allure pataude et ressemblent à un mélange de grosse poule et de petit charognard. Les deux naturalistes remarquent qu'ils sont obèses et rendus aveugles par la vie dans l'obscurité. C'est ici, dit leur guide, que les Indiens de la région viennent chasser les guarachos. À l'aide de longues perches, ils abattent les oiseaux par grappes. Une fois par terre, les guarachos sont assommés ou étouffés. Du corps adipeux de ces gros volatiles qui ne mangent que des fruits, les Indiens tirent une huile très claire. Elle sert d'huile alimentaire ou de combustible. Monsieur Bonpland et le baron aiment les oiseaux… Y compris ceux qui sont gros et vilains ! Les deux hommes sont heureux d'avoir échappé à cette scène de carnage. On leur rapporte que, si beaucoup de ces oiseaux sans défense meurent au cours de cette chasse, quelques Indiens tombent aussi. Ils suffoquent dans l'atmosphère de la caverne alors saturée de plumes et de duvet.

Le voyage se poursuit. Au bout de plusieurs semaines, les explorateurs sortent enfin de la forêt.

Le pays des vaches
et des centaures

Devant eux, s'étend à perte de vue la plaine jaunâtre des *llanos*. Les voici chevauchant, pas très rassurés, dans ce vaste paysage vide aux couleurs éteintes. Chacun médite sur les recommandations faites avant leur départ à propos de ces plaines : « Attention aux taureaux égarés, aux serpents, aux vampires, à la foudre, au soleil, etc. » Le pays traversé n'a plus du tout l'opulence de la côte caraïbe, c'est un désert d'herbe plat et lugubre qui donne un sentiment de profonde solitude. La terre se confond avec le ciel. Les seuls traits verticaux sont les troncs de palmiers chétifs qui poussent çà et là.

Après des jours et des nuits de cheminement monotone, les voyageurs traversent enfin une région habitée. Habitée par des vaches. Elles apparaissent comme posées sur la steppe. Des milliers de bovins dont les gardiens, de loin, ressemblent à des centaures. On les appelle les gardiens de la plaine. Le baron et monsieur Bonpland passent quelques jours parmi ces cavaliers nomades. Ce sont des hommes sauvages et taciturnes. Assez revêches, pour tout dire. Ils sont toujours en selle et répugnent à toute activité qui les obligerait à en descendre. À pied, ils sont tellement indolents que les deux amis n'arrivent à rien obtenir d'eux, pas même un litre de lait dans ce pays de vaches.

Vampires, foudre
et poisson électrique

Pendant cette partie du voyage, monsieur Bonpland observe les chauves-souris. Ce ne sont plus les bonnes grosses roussettes frugivores qui habitent la côte mais les vampires, dont il a très peur, qui pullulent dans la région. Une crainte enfantine un peu ridicule pour un homme de son âge. Il remarque que les vampires s'attaquent plus volontiers au bétail qu'à l'homme, ce qui est rassurant. Ce sont de préférence les parties tendres qui sont mordues : le museau, le ventre, l'intérieur des cuisses. Jamais le cou comme le voudrait la tradition. En revanche, chez l'homme, les vampires s'en prennent de préférence au gros orteil. Sans doute parce que les pieds dépassent souvent des couvertures dans ces régions chaudes.

Le voyage se poursuit sur une mer d'herbes ondoyantes où il est aisé de se perdre. Souvent éclatent d'épouvantables orages pendant lesquels le baron, passionné par les phénomènes électriques, se tient très droit dans son uniforme à boutons de cuivre, comme s'il se prenait pour un paratonnerre ! Aimé Bonpland et les guides indiens, eux, se font tout petits, discrets, rentrant la tête dans les épaules sous le déluge, semblant dire à la foudre : « Je ne suis pas là. »

Les voyageurs sortent enfin des *llanos* et la plaine herbue se transforme peu à peu en savane. Il y a des étangs boueux où leurs bêtes peuvent s'abreuver. Parfois un petit crocodile, un *bava*, vient gentiment mordiller le museau d'un mulet. L'affaire devient plus grave lorsqu'un cheval venu se désaltérer est promptement foudroyé par un gymnote, un poisson électrique. Le baron demande aux guides indiens de pêcher pour lui quelques spécimens de cet étrange poisson, sans les tuer, afin de pouvoir les étudier vivants. Pour satisfaire le naturaliste, les Indiens emploient des moyens extraordinaires. Ils forcent des chevaux sauvages à entrer dans l'eau du lac : immédiatement les équidés et les poissons se livrent à un curieux combat. Les chevaux, affolés par les chocs électriques, ruent et cherchent à « piétiner » les poissons. Certains chevaux, la crinière hérissée, étourdis par les décharges, se noient, incapables de regagner la terre ferme. Mais, en foudroyant les chevaux au cours du combat, les gymnotes encore vivants ont perdu leur force électrique et leur vitalité. Les Indiens n'ont plus qu'à attraper sans risque les grands poissons qui nagent mollement à la surface d'une eau redevenue calme.

Une pirogue ménagerie sur le Rio Apure

La troupe, après deux mois de voyage dans les *llanos* et la savane, arrive au Rio Apure, un affluent de l'Orénoque. Toute la suite du voyage se passera sur l'eau. Le baron von Humboldt et monsieur Bonpland prennent place dans une pirogue étroite avec leurs malles et le commencement de ce qui deviendra une petite ménagerie. Pour l'instant, elle n'est constituée que de quelques oiseaux en cage : un *Pipra rupicola*, le plus bel oiseau tropical selon le baron, des mainates, perroquets et toucans ainsi qu'un gros guaracho sauvé d'une mort certaine par monsieur Bonpland.

Après les explorateurs et leurs bagages, les piroguiers indiens s'entassent à leur tour dans une pirogue devenue terriblement instable. En descendant le Rio Apure, les premiers animaux que les voyageurs étonnés voient nager sont… des juments accompagnées de leurs poulains ! Friands des hautes herbes qui poussent dans le fleuve à la saison des pluies, les chevaux viennent brouter en nageant. Et des crocodiles amateurs de chevaux aquatiques font leur apparition…

Vie quotidienne et discussions philosophiques

Le Rio Apure, entouré d'arbres immenses pleins d'oiseaux, regorge de lamantins et de tortues. En suivant la rivière, la région devient si sauvage que les animaux viennent y boire sans être effrayés par la pirogue qui s'approche. Le baron et monsieur Bonpland ont un plaisir immense à voir tapirs, pécaris et sangliers venir se désaltérer tranquillement sous leurs yeux.

Une certaine routine gagne les voyageurs et, pour supporter les désagréments de la navigation, des règles s'imposent. Il faut résister à l'envie de se baigner malgré la chaleur torride et les piqûres de moustiques qui irritent la peau. Les profondes blessures laissées par les piranhas sur les mollets des piroguiers suffisent à vous en dissuader. Le soir on doit trouver, souvent sous la pluie, une plage où accoster, dresser un campement dans la forêt, débarquer et protéger les délicats instruments scientifiques, mettre à l'abri les herbiers… Monsieur Bonpland et le baron vivent dans la hantise permanente de perdre la précieuse collection de spécimens qu'ils ont accumulés en voyageant. Il faut aussi s'assurer que la petite ménagerie, par ses cris, n'attire pas les bêtes sauvages. Et tous les matins, monsieur Bonpland retourne ses bottes avec un air suspicieux et dégoûté : il craint d'y trouver tapie une de ces grosses mygales qui prolifèrent dans les sous-bois.

Il arrive qu'avant d'aller se coucher et malgré la fatigue du voyage, les naturalistes se lancent dans une discussion philosophique. Ainsi un soir, un des rameurs, Indien catéchisé, révèle avec gourmandise à monsieur Bonpland stupéfié que son morceau préféré dans l'homme est la paume de la main. S'engage alors un débat sur le cannibalisme. Et les deux savants de se demander si l'habitude qu'ont les Indiens de manger du singe, dont le corps ressemble tellement à ceux des jeunes enfants, ne diminuerait pas l'horreur du cannibalisme…

L'arrivée sur l'Orénoque

Un jour, l'équipage quitte le Rio Apure et débouche enfin dans l'Orénoque. C'est une immense plaine d'eau avec des vagues aussi fortes qu'en pleine mer. La pirogue se met à tanguer dangereusement et ses passagers sont pétrifiés de peur. Chacun se cramponne à un objet stable tandis que les piroguiers cherchent à éviter les plus grosses vagues... La partie de l'Orénoque que le baron et monsieur Bonpland abordent est relativement peuplée par rapport aux solitudes qu'ils ont traversées. Il y a dans la forêt de piteux campements indiens et des petites missions tenues par des religieux espagnols venus convertir les indigènes les plus dociles à l'agriculture et au catholicisme. Les voyageurs voient des hommes en soutane, maigres et barbus, leur faire des signes depuis le rivage. Chemin

faisant, la pirogue du baron et de monsieur Bonpland croise l'embarcation d'un cacique indien qui se rend en grande pompe à la récolte des œufs de tortues. C'est un Indien Otomaque qui voyage accompagné de guerriers. Les explorateurs sont impressionnés par ces hommes entièrement nus dont le corps est recouvert d'un pigment rouge brique. Ils se tiennent tous parfaitement droits dans leur pirogue noire et étroite. Évidemment, la comparaison avec nos pitoyables explorateurs n'est guère flatteuse ! Eux aussi rêveraient de quitter quelques vêtements si ce n'était l'ardeur du soleil et la fureur des moustiques. Le cacique en impose, tant il a l'air d'être un homme important dans son maintien hautain et distant. Lui et ses compagnons sont armés d'arcs et de flèches enduites de curare. Ils ont également des casse-têtes taillés dans un bois très sombre. On imagine aisément les terribles blessures que ces armes peuvent infliger.

La foire aux œufs de tortues

Chaque Indien porte sur le visage de fins dessins noirs qui zigzaguent des sourcils aux pommettes. Seuls les cheveux, « coupés au bol » comme ceux des enfants de chœur, pense le baron, adoucissent leur physionomie.

C'est en compagnie de ce groupe d'Indiens que le baron et monsieur Bonpland abordent une grande île de l'Orénoque, lieu de rassemblement de plusieurs nations indigènes qui viennent y récolter et vendre les œufs de tortues.

Il y a là des Otomaques, réputés féroces, des Guaros, des Caribes et des Piraoas. Chaque tribu campe à bonne distance des autres. Les peintures qui couvrent les corps diffèrent selon les tribus. Dans cette foule bigarrée, Humboldt et Bonpland remarquent quelques hommes blancs ; petits négociants qui ont remonté l'Orénoque pour commercer avec les indigènes ou des religieux venus accompagner « leurs » Indiens convertis. Cette foire aux œufs de tortues a lieu chaque printemps. Et les différentes nations indigènes qui sont constamment en guerre trouvent là l'occasion d'une paix précaire.

Les Indiens raffolent de ces œufs. Or ces gourmandises se trouvent enfouies par milliers dans les plages de l'île. Certaines populations de la région se sont spécialisées dans la fabrication et la vente d'un « beurre de tortue » qui entre dans la composition des peintures corporelles. Ce produit est l'objet d'un commerce intense sur l'île.

Un missionnaire voulant impressionner monsieur Bonpland lui rapporte qu'autrefois les grandes tortues arraus étaient si nombreuses dans l'Orénoque qu'elles obstruaient le fleuve, leur cohue empêchant les pirogues d'avancer. "Conte de moines !" chuchotent avec mépris les quelques indigènes rassemblés autour des deux hommes blancs à l'écoute de ce récit.

Les moines ne semblent pas très appréciés sur l'île aux tortues : ils sont vus comme des spéculateurs. Ne pouvant vendre de vêtements aux Indiens, ils font de gros profits en vendant très cher un pigment écarlate que les autochtones utilisent pour se peindre le corps. Cette teinture, l'*onoto*, provient d'une jolie fleur rouge. Et les moines tirent profit des Indiens qui n'ont pas la chance d'avoir cette fleur sur leur territoire… Les deux amis voient de malheureux "Indiens des missions" qui sont trop pauvres et n'ont pu se peindre qu'une partie du corps.

Curare et stupéfiants chez les Otomaques

Le printemps est la saison des grands rassemblements et il règne une sorte d'agitation mondaine dans cette région de l'Orénoque. Les tribus, oubliant leurs querelles, participent ensemble à de grandes fêtes du curare. Les deux voyageurs sont ainsi invités dans un village otomaque pour assister à la célébration de ce poison. La liane dont on tire le curare est appelée berthollia par Bonpland et « l'herbe qui tue tout bas » par les Indiens. Ils enduisent de ce poison la pointe de leurs flèches pour foudroyer hommes et bêtes. Chaque tribu indienne est fière de la qualité de son curare comme on l'est d'un bon vin en Europe.

Cependant cette invitation inquiète Humboldt et Bonpland car les Otomaques, déjà farouches et peu accommodants d'ordinaire, ont la réputation de se mettre dans des états d'ivresse indescriptibles durant la fête du curare. Pendant plusieurs jours ils sont, dit-on, ivres d'alcool de manioc et de poudre de *niopo*, un puissant stupéfiant. Et, plus inquiétant encore, on raconte que certains guerriers otomaques pris de fureur se battent à mort en utilisant l'ongle de leur pouce enduit de curare. Voilà un détail qui impressionne beaucoup monsieur Bonpland. Le baron, lui, se méfie des légendes colportées par les tribus ennemies des Otomaques ou par les missionnaires : "contes de moines"…

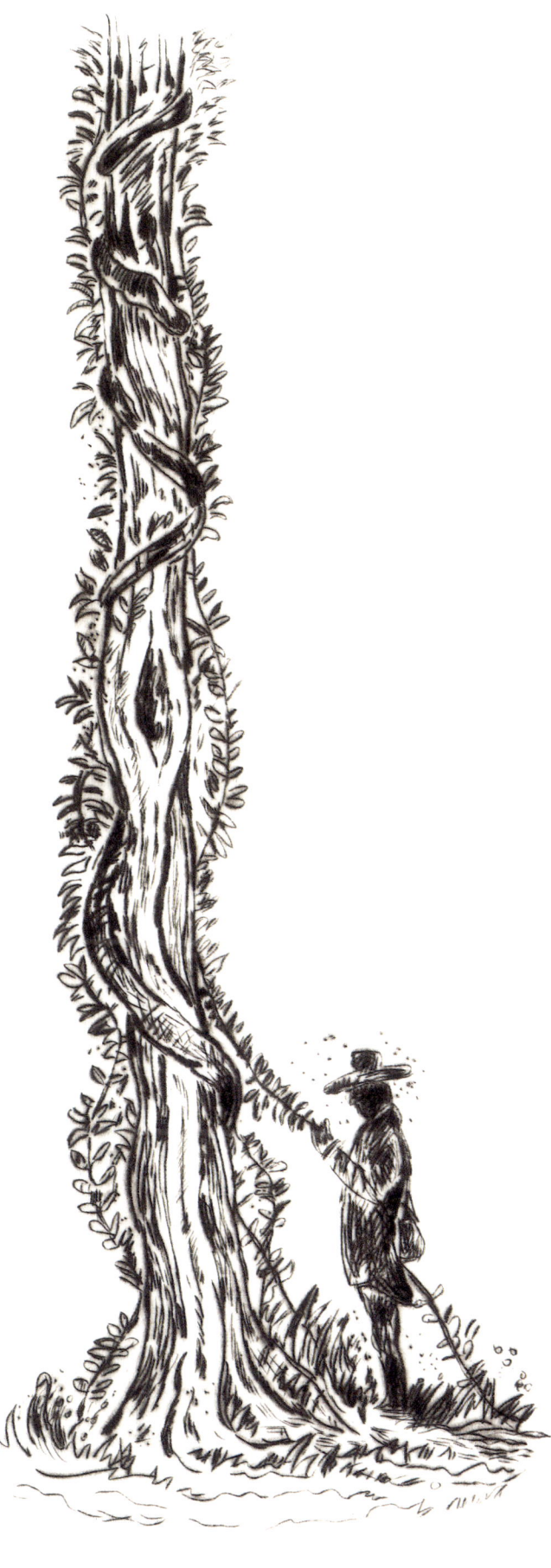

Mais c'est dans un village relativement calme que les voyageurs arrivent. Bien sûr, les Indiens sont presque tous ivres, mais les seuls débordements sont les danses trépidantes de la célébration du curare. Et, par bonheur, le plus sobre des hommes est celui qui officie à la fabrication du poison, surnommé « le chimiste » par le baron. Après avoir suivi une initiation à la préparation et la distillation du curare, les compagnons sont aimablement invités par le « maître du poison » à se joindre aux joyeux excès de la tribu. C'est ainsi que par politesse, crainte et curiosité, le baron et monsieur Bonpland en viennent à consommer du *niopo*, ce stupéfiant tiré d'une espèce de mimosa. « Encore une plante intéressante », pense monsieur Bonpland avant de s'évanouir. Le lendemain matin, vacillante et migraineuse, l'expédition reprend le voyage sur l'eau vers les grandes cataractes de Maypure.

Sur l'Atabapo et autres *rios*

À présent le cours de l'Orénoque traverse un paysage tourmenté, il coule au milieu de montagnes couvertes de grandes forêts. Le fleuve se fait plus violent, son lit est encombré de rochers en granit noir, d'îlots plantés de fougères arborescentes.

Secoués et tout mouillés dans un canot qui tangue, les naturalistes franchissent plusieurs rapides successifs avant que la navigation ne devienne complètement impossible ; le fleuve se jette furieusement sur les rochers et pendant plusieurs kilomètres l'eau est blanche d'écume. Sur tout le paysage règne un brouillard permanent plein d'arcs-en-ciel.

Le baron et monsieur Bonpland trouvent le spectacle admirable mais jugent plus prudent de contourner l'obstacle en passant à pied sec sur les rives. Les malles, cages et instruments sont transportés par les piroguiers devenus porteurs le temps de retrouver un fleuve apaisé. Bientôt l'embarcation glisse doucement dans un affluent de l'Orénoque : le Rio Atabapo.

Après trente-trois jours de navigation sur l'Orénoque, les voyageurs sont entrés dans un nouveau pays ; le ciel est à présent constamment couvert, l'air saturé d'humidité… Le Rio Atabapo est si étroit par moments que la forêt frôle l'embarcation.

À bord de la pirogue règne un certain relâchement ; le baron von Humboldt a enfin ouvert le col de sa veste. Et il ne porte plus de chemise

depuis qu'un échantillon de curare s'est répandu dans son linge. Monsieur Bonpland apprend des gros mots français au perroquet qu'il a apprivoisé. Les piroguiers indiens eux-mêmes semblent pris de langueur mélancolique tant ils rament lentement.

C'est aussi un nouveau voyage que les naturalistes entreprennent car, pour rejoindre le Casiquiare et le bassin de l'Amazone, ils vont devoir naviguer sur un réseau embrouillé de cours d'eau de plus en plus petits qu'il faut aller chercher dans la forêt en tirant pirogue et bagages. Le Rio Atabapo conduit au Rio Temi qui se jette dans le bien nommé Tuamini. Enfin, à travers la forêt inondée, ils trouvent un petit Pimichin lequel est, en principe, un minuscule affluent du Rio Negro. Ces lieux entre Orénoque et Amazone sont presque inexplorés et ils sont devenus légendaires. Les seuls à y avoir vraiment pénétré à la recherche de l'Eldorado sont les conquistadores Pedro de Ursùa, et le Basque fou Lope de Aguirre, vers 1560. Les parcours à pied

se font dans des zones marécageuses infestées de serpents. La végétation est faite d'espèces d'arbres et de plantes dont la plupart sont inconnues des deux savants. Monsieur Bonpland court partout à la recherche de nouveaux spécimens. Sur son chapeau, il a piqué des fleurs et des petits coléoptères qu'il étudie le soir au campement. Le botaniste classe dans son herbier de magnifiques orchidées et des plantes narcotiques aux étranges pouvoirs. Ses recherches le mènent au milieu de mimosas géants ou de vanillés sauvages qui embaument la forêt… L'enthousiasme de monsieur Bonpland est à son comble le jour où il découvre, le long d'un petit *rio*, le spectacle rarissime de bambous en fleur !

« El Castillo »
de San Carlos

Après trente-trois jours d'errance, grâce aux instruments du baron et à ses calculs compliqués, les voyageurs échappent à ce désordre de végétation, de rivières et d'affluents. L'expédition quitte ce labyrinthe par une petite rivière qui se jette dans le Rio Negro.

Le Rio Negro est noir d'alluvions. Il y flotte des végétaux en décomposition et de grands arbres morts, rendant la navigation difficile pour les piroguiers. C'en est fini des rameurs nonchalants aux chants mélancoliques ! Il faut aux explorateurs des jours de voyage périlleux pour arriver dans une région considérée par les habitants de la Nouvelle Andalousie comme le bout du monde.

Sur la rive du fleuve, les voyageurs découvrent un jour avec surprise une église de bois rouge surmontée d'une croix, autour de laquelle sont éparpillées des huttes indiennes. Plus loin ils aperçoivent un minuscule bâtiment d'allure vaguement militaire que les rameurs appellent pompeusement « El Castillo » (le château). C'est le fortin de San Carlos, un de ces modestes postes avancés installés à la suite de « l'expédition des limites » qui explora ce territoire cinquante ans auparavant. Le long du Rio Negro dépérissent ainsi, loin de tout, quelques petites garnisons chargées de marquer la présence espagnole dans ces confins, de surveiller d'improbables incursions portugaises venues du Brésil et de protéger les missionnaires catholiques. En abordant au ponton du « Castillo », l'embarcation est accueillie par des hommes vêtus d'uniformes en lambeaux. C'est un étrange spectacle pour Humboldt et Bonpland de voir, à la place de fringants militaires, ces soldats qui ressemblent à des prisonniers exilés. Le sous-officier qui commande cette misérable troupe est un homme malade et méfiant qui rechigne à montrer aux visiteurs étrangers ses dérisoires installations militaires. Pourtant, un pauvre sous-lieutenant accablé par la solitude, finit par faire aligner sa petite troupe pour complaire à ses hôtes. Elle est composée de dix-sept soldats métis dont les armes – quelques escopettes et même un petit canon – sont rendues inutilisables par l'humidité. En se promenant dans l'enceinte du fortin, le baron rencontre sur « la place d'armes », en réalité une cour de boue séchée, deux missionnaires accablés par la tristesse et la malaria. Ils se plaignent amèrement des Indiens qu'il est si difficile d'attacher durablement à la culture et au jardinage. Les indigènes, disent-ils, se sauvent dans la forêt dès qu'ils sont lassés du contact avec la civilisation. Certains Indiens, particulièrement farceurs, se moquent des missionnaires en se peignant à l'aide de l'*onoto* de faux vêtements "civilisés" sur le corps avant de fausser compagnie aux moines. « En effet, pense le baron, pourquoi travailler la terre pour des missionnaires alors que l'on peut obtenir presque sans effort toutes ces succulentes choses à manger qui poussent dans la forêt ?... »

Il est temps pour les voyageurs de quitter ces tristes parages. La garnison perdue, les missionnaires désabusés, ce ciel constamment grisâtre et cette terrible moiteur, tout cela finit par atteindre le moral du baron et surtout celui de monsieur Bonpland qui voit ses herbiers se couvrir peu à peu de moisissures.

La redécouverte du Casiquiare

À l'aube, la pirogue est chargée et avant le lever du soleil tout le monde, explorateurs, Indiens pagayeurs et ménagerie, remonte le Rio Negro et découvre enfin l'embouchure du Casiquiare. Depuis l'époque des premiers conquistadores, Pedro de Ursùa et Lope de Aguirre, son existence a tour à tour été prouvée puis réfutée au gré du succès ou de l'échec des explorations.

Cette fois enfin, grâce au baron et au péril de sa vie, le Casiquiare sera localisé précisément. Humboldt effectuera les précieux relevés debout dans une pirogue instable…

Le fleuve est entouré d'un mur de végétation qui tombe à pic dans l'eau. Même pour des explorateurs habitués aux jungles des tropiques, cette forêt est vraiment d'une densité incroyable. Ce territoire est comme enchanté car tout y est plus grand et plus gros. « Voici un reptile qui ne rejoindra jamais notre ménagerie », pense le baron en contemplant un monstrueux anaconda qui déroule ses anneaux sans fin dans le courant du fleuve… Des crocodiles noirs, semblables à des troncs d'arbres flottants, regardent passer la pirogue avec convoitise. Ils n'ont certainement jamais vu autant de nourriture à leur portée ! Comme il n'y a pas de plages où aborder, il faut tailler dans la végétation à coups de hache pour bivouaquer.

Un soir, monsieur Bonpland met au point une invention très ingénieuse (promise plus tard à un grand avenir) : il malaxe de petites boules de sève d'hévéa qu'il mettra dans ses oreilles avant de se coucher. Il échappe ainsi au bruit infernal que font les animaux la nuit dans la forêt. Le baron pendant ce temps se livre à un petit exploit : installé derrière une table minuscule dressée sur le sol spongieux, il dessine avec le plus grand soin une carte du fleuve tandis que de grosses gouttes d'eau ruissellent des arbres sur son ouvrage et qu'il est à la merci des moustiques. Pour dormir, outre les précautions prises par monsieur Bonpland, les voyageurs abandonnent le couvert des arbres car de grosses fourmis processionnaires descendent le long des cordes du hamac et viennent piquer les dormeurs. Mais les piroguiers se vengent car ils savent cuisiner un excellent pâté avec ces insectes… Il n'y a pas que des tourments sur le fleuve Casiquiare !

Le retour vers Cumanà

Après dix jours de navigation le long du fleuve, la chaleur et l'humidité sont moins accablantes. Le ciel a perdu sa triste teinte grisâtre et les nuits sont plus claires : « Les grandes étoiles mangent les nuages », disent les Indiens. Éblouis par ce qu'ils ont vu mais très fatigués, les voyageurs rejoignent l'Orénoque et le pays des Otomaques, la région du curare.

Alexander von Humboldt et son ami Aimé Bonpland ont percé les mystères du Casiquiare. Ils ont mesuré sa longueur, dénombré ses méandres et le baron en a dessiné la carte. Le Casiquiare relie bien l'Orénoque à l'Amazone. Grâce aux deux explorateurs, cela ne fait plus aucun doute.

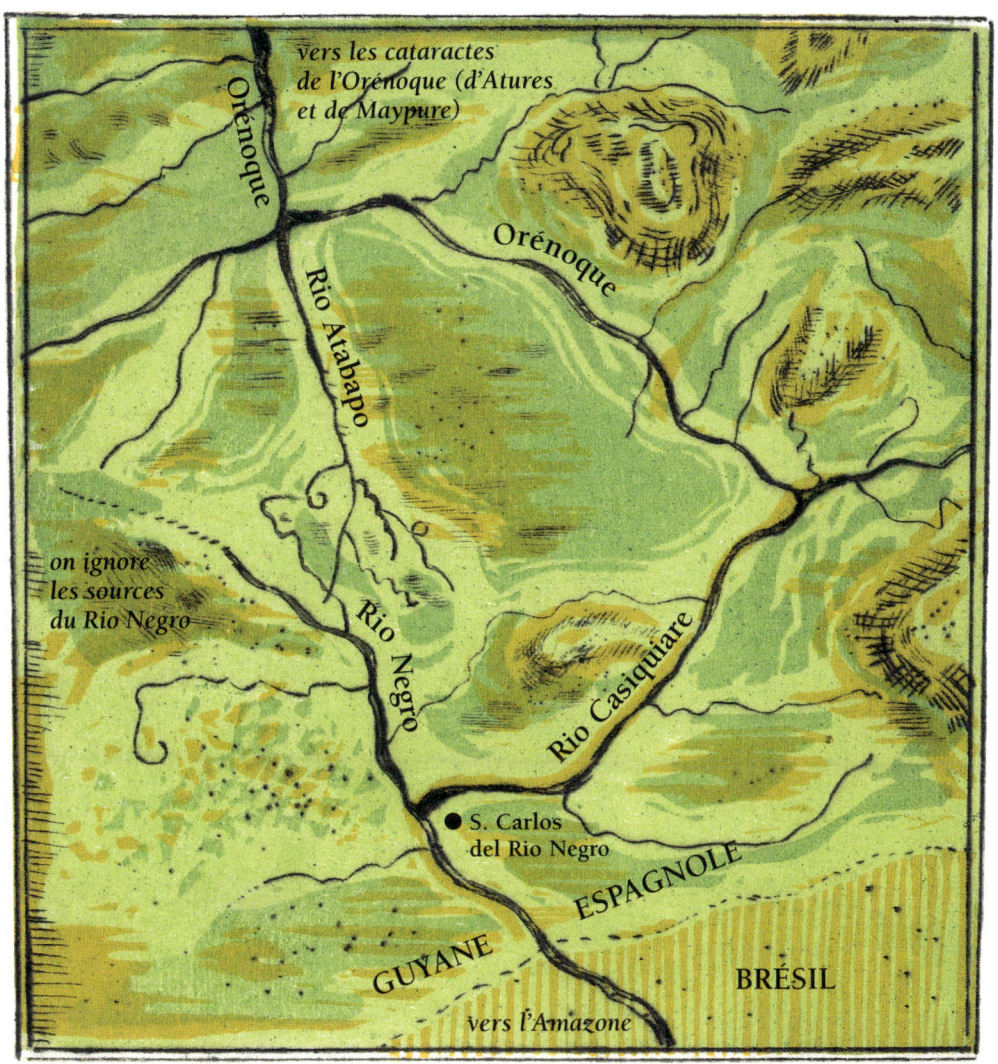

vers les cataractes
de l'Orénoque (d'Atures
et de Maypure)

Orénoque

Orénoque

Rio Atabapo

on ignore
les sources
du Rio Negro

Rio Negro

Rio Casiquiare

S. Carlos
del Rio Negro

ESPAGNOLE

GUYANE

BRÉSIL

vers l'Amazone

Région du Casiquiare
D'après la carte dressée
par Alexander von Humboldt

Il ne leur reste plus qu'à prendre le chemin du retour vers Cumanà leur point de départ. La pirogue est cette fois aidée par le courant. Heureusement car elle est trop chargée par l'accumulation de bêtes, herbiers et spécimens de toute nature collectés pendant quatre mois. L'exploration des forêts enchantées du Casiquiare a encore alourdi l'embarcation de quelques animaux, dont un gros fourmilier qui sent très mauvais et encombre à présent l'équipage. Une des rares querelles entre monsieur Bonpland et le baron s'élève pendant ce voyage de retour, lorsque le botaniste demande au géologue de jeter à l'eau quelques cailloux jugés trop lourds.

Les 2 000 kilomètres parcourus dans ces régions humides infestées de moustiques ont eu raison de la santé de monsieur Bonpland qui souffre de malaria. Le baron est en bonne santé mais il a perdu ses cheveux dans l'aventure.

Une amitié à l'épreuve du temps

Après un repos nécessaire sur la côte du Venezuela, les deux amis continuent leur voyage en Amérique du Sud, toujours encombrés de bagages qui nécessiteront pour leur transport jusqu'à vingt mulets. Pendant cinq ans, ils parcourent ensemble d'immenses territoires remplis de périls, parfois inaccessibles, comme la vertigineuse cordillère colombienne. Ils emprunteront l'antique chaussée des Incas sur les hauts plateaux andins, puis subiront encore la terrible chaleur humide et les gros moustiques au fin fond de l'Amazonie péruvienne. En Équateur le baron va même entraîner monsieur Bonpland à accomplir un exploit sportif en faisant l'ascension du Chimborazo qui culmine à plus de 5 000 mètres d'altitude ! Au Mexique, ils courront les volcans. Les explorateurs infatigables et curieux accumulent toujours plus d'échantillons de minerai, de plantes, d'animaux. À la fin de leurs périples, portés par des mules, ils traîneront derrière eux jusqu'à trente caisses d'herbiers.

De retour en Europe, le baron passera sa vie entière et dépensera son immense fortune à la publication de son œuvre encyclopédique. Des dizaines de gros volumes rassembleront récit de voyage, descriptions de la faune et la flore sauvage, enquêtes sur la vie des Indiens et des colons américains et cartes des régions traversées. Ils seront illustrés de gravures, réalisées d'après les dessins du baron, représentant volcans, paysages pittoresques, singes, plantes tropicales, parures indiennes, cailloux... Pour la partie botanique, il sera aidé par son compagnon de voyage qu'il associera à ce travail énorme de compilation et de classement. En vieillissant, le naturaliste allemand va devenir un homme célèbre couvert d'honneurs, considéré comme le second découvreur de l'Amérique. Celui qui, de son vivant, pourra s'enorgueillir d'avoir donné son nom à un manchot, plusieurs singes et un courant marin. Plus tard encore, il sera un vieillard semblable à un ogre qui aurait mangé toutes les connaissances de son temps, l'homme le plus savant d'Europe...

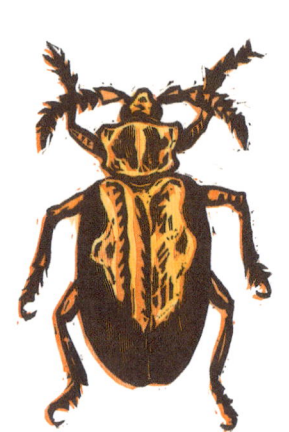

De son côté, monsieur Bonpland aura une vie plus difficile et mouvementée. Lui aussi donnera son nom à quelques plantes et fleurs tropicales, mais il ne saura pas développer son ingénieuse invention de bouchons d'oreilles faits avec du caoutchouc. Trop en avance sur son temps, probablement...

En rentrant de ses voyages, monsieur Bonpland deviendra intendant des serres tropicales de l'impératrice Joséphine. Mais, à la chute de l'empire, il quittera la France et repartira pour l'Amérique où il deviendra un paisible planteur au Brésil. Malheureusement, le pauvre Aimé Bonpland sera victime d'une grande injustice. Pour une obscure affaire associant espionnage et agriculture, le dictateur du Paraguay, « El Supremo », le fera injustement jeter en prison. Le baron, très inquiet, tentera tout pour faire libérer son vieil ami. Mais Aimé Bonpland restera dix ans prisonnier au Paraguay. Libéré, le botaniste toujours enthousiaste et avide d'expériences nouvelles s'installera dans une nouvelle *hacienda* en Argentine où il se livrera à la culture de la patate et du manioc. Il vivra dans cette ferme avec une épouse indienne, la fille d'un cacique, jusqu'à la fin de ses jours.

Les deux vieux naturalistes ne cesseront jamais de correspondre. Dans ses lettres, le baron décrira les progrès de la publication de son œuvre et demandera conseil à son ami. De son côté, le botaniste, moins prospère que le baron, confiera les espoirs et les soucis d'un petit planteur aux confins du Brésil et de l'Argentine. Et, bien sûr, ils évoqueront souvent avec nostalgie l'époque où ils « redécouvraient l'Amérique » ensemble.

Alexander von Humboldt et Aimé Bonpland resteront complices et amis durant toute leur très longue vie.

Salomon August Andrée
et l'*Aigle*

L'INGÉNIEUR SUÉDOIS SALOMON AUGUST ANDRÉE imagina de conquérir le pôle nord en ballon.

Tandis que les grands et très célèbres explorateurs arctiques Fridtjof Nansen et Nils Adolf Nordenskjöld estimaient l'entreprise plus qu'hasardeuse, une grande partie de la population suédoise s'enthousiasmait pour ce projet, digne de Jules Verne, et tellement patriotique !

L'idée de l'ingénieur Andrée était simple : en s'envolant d'un lieu proche du pôle nord, le Spitzberg, un ballon serait poussé par le vent du sud et atteindrait son but, le pôle nord, en peu de temps. Les contradicteurs de l'ingénieur Andrée, des savants, météorologues et spécialistes des régions arctiques, pensaient que le vent souffle où il veut et que rien n'indiquait qu'il pousserait le ballon constamment en direction du nord…

Andrée fit néanmoins construire un énorme hangar dans la baie des Danois au nord du Spitzberg. En 1896, une première tentative de vol ratée conforta ses détracteurs. Mais, instruit par cet échec, l'aéronaute passionné commanda la construction d'un nouveau ballon : l'*Aigle*.

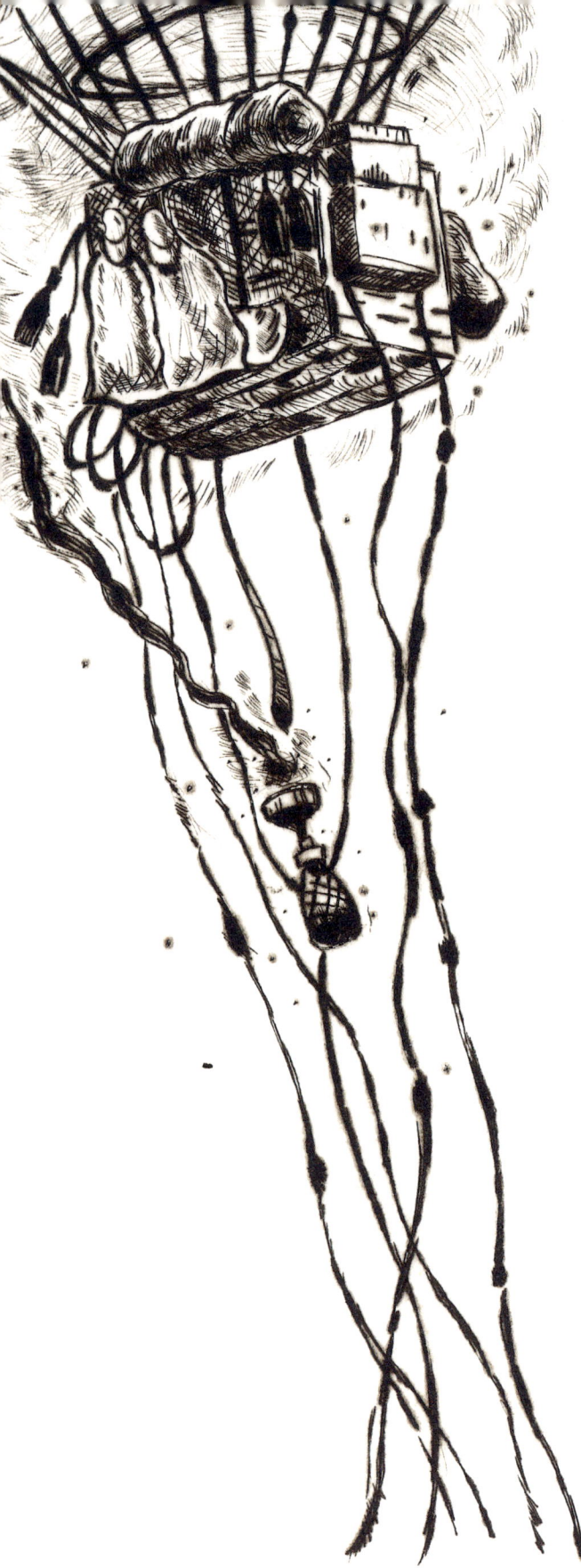

Fabriqué en France par la maison Lachambre, ce nouveau ballon était en principe d'une solidité à toute épreuve : parfaitement étanche et conçu spécialement pour les régions froides, il devait pouvoir tenir en l'air au moins trente jours.

La nacelle était remplie d'instruments ingénieux propices à soulager la vie quotidienne des explorateurs. Des appareils scientifiques comme le sextant-chaufferette, qui permettait de faire le point par grand froid sans avoir les mains gelées… Ou, pour la cuisine, « le simple et infaillible fourneau Göransson » : pendu à la nacelle par une corde, on l'allumait à distance raisonnable du ballon grâce à un très long briquet, puis on l'éteignait en soufflant dans un tuyau, évitant ainsi tout risque d'explosion à bord !

Pour les provisions de bouche, il était prévu d'emporter des denrées variées afin d'éviter les carences alimentaires bien connues des explorateurs polaires. On embarqua donc de la viande en poudre, des pêches au sirop, du cacao, ainsi que des douceurs offertes par des traiteurs parisiens souhaitant se faire de la réclame grâce à « l'expédition Andrée ». Sans oublier le champagne à sabrer au pôle nord !

Le départ de l'*Aigle*

L'*Aigle* était bien équipé, mais il fallait aussi qu'il soit maniable. Comme un bateau, il était pourvu d'une voile afin d'attraper ce fameux vent du sud. Des guideropes, longs filins traînant sur la glace, permettaient de garder, en principe, une direction et une vitesse constantes. Des petits et gros sacs de sable accrochés autour de la nacelle constituaient le lest qui, jeté par-dessus bord, permettait l'ascension dans les airs. Le ballon était tellement sensible au délestage qu'il suffisait que l'un des aéronautes fasse pipi pour que l'équipage s'élevât… Pour perdre de l'altitude, on actionnait une grosse soupape et le ballon se dégonflait légèrement. Dans son journal de bord, l'ingénieur Andrée emploie souvent ce verbe étrange : « soupaper ».

Le départ fut lancé le 11 juillet 1897. Poussé par le vent du sud, le ballon s'éleva facilement au-dessus d'une foule de spectateurs venus en bateaux pour assister au décollage. Outre August Salomon Andrée, à bord de la nacelle se tenaient le *sportsman* et ingénieur Knut Fraenkel et le photographe Nils Strindberg (ce jeune homme de vingt-six ans était le neveu du grand écrivain suédois August Strindberg). Peu de temps après le décollage,

la foule assemblée vit soudain le ballon descendre brutalement vers la mer, sa nacelle ricocher sur l'eau avant de s'élever à nouveau. Cette curieuse fausse manœuvre sembla comme un avertissement du désastre à venir…

Les spectateurs regardèrent le ballon disparaître derrière les montagnes du Spitzberg, cap plein nord. L'équipage envoya un pigeon voyageur, des bouées flottantes contenant des messages enthousiastes des premières heures de l'expédition, puis plus rien. L'expédition Andrée ne donna plus jamais de nouvelles…

Ce ne fut qu'en 1933, lors de la découverte, dans les glaces de l'île Blanche, des journaux des aéronautes que l'on put reconstituer le déroulement dramatique de l'expédition. Ils sont d'une précision toute scientifique qui frise parfois le comique. Andrée décrit heure par heure les variations du temps, mais aussi le contenu des sandwichs, le nombre de bières bues (la « soif des aéronautes ») et les plaisanteries échangées. On sait maintenant que très rapidement le ballon se trouve englué dans un affreux brouillard givrant, une chape humide qui enveloppe l'*Aigle* dans un véritable linceul blanc.

Le ballon alourdi descend jusqu'à ce que la nacelle touche la glace puis, grâce à un délestage radical, s'élève un peu : sacs de sable, mais aussi nourriture, médicaments, vêtements et même les précieuses bouteilles de champagne à boire au pôle passent par-dessus bord. Pendant trois jours, le ballon dérive, la nacelle ricoche de-ci de-là et s'élève un peu au gré des délestages, mais il n'y a plus rien à jeter. En l'absence de vent, la voile ne sert à rien. Le 14 juillet 1897, le ballon étant devenu définitivement ingouvernable, l'ingénieur Andrée décide d'atterrir sur la banquise.

Marche désespérée et folies gastronomiques

Les trois compagnons n'ont pas d'autre choix que de continuer leur voyage à pied sur la banquise. Ils se dirigent vers la terre qu'ils estiment la plus proche : la terre François-Joseph. Avant le nouveau départ, ils s'installent confortablement dans la nacelle échouée sur la glace. Pendant quelques jours, Andrée, Fraenkel et Strindberg feront l'inventaire du matériel et des vivres et s'occuperont du montage de trois traîneaux et d'un petit bateau portatif, jeux de construction qui les amusent beaucoup. Le moral reste bon : Nils Strindberg prend des photographies et écrit à sa fiancée des lettres qu'elle ne lira jamais. Andrée tue son premier ours et Fraenkel se livre à des relevés météorologiques qu'il consigne très précisément dans son journal. Le 22 juillet 1897, Andrée et ses compagnons se mettent en route. Attelés à leurs traîneaux, ils progressent dans la neige fondue. La pluie et le grésil retardent leur marche. Au bout de quelques jours, les observations de Strindberg indiquent qu'ils ont parcouru une distance ridiculement petite. Il faut donc alléger les traîneaux. Sur les vivres qu'ils ne peuvent plus emporter ils se livrent à de véritables « folies gastronomiques », avant de reprendre leur route. Ils traversent mille difficultés : la banquise est très accidentée et la glace cède parfois sous le poids d'un des voyageurs qui tombe dans l'eau glacée, si bien qu'ils sont constamment mouillés. Tous les trois sont victimes de crampes et de l'ophtalmie des neiges. Andrée écrit dans son journal que « les contrées polaires sont le berceau des plus grands embêtements »…

Le 4 août, il indique un changement de direction car, selon les observations de Nils Strindberg, la dérive de la banquise s'oppose à la progression des trois naufragés. Comme dans un cauchemar, ils croient avoir avancé

alors qu'ils reculent ! Ils décident alors de se rendre aux Sept-Îles, que l'on imagine assez peu hospitalières puisqu'elles se situent au nord du Spitzberg. Tout au long du mois d'août ils tirent leurs traîneaux dans un jour perpétuel. Car, durant l'été arctique, le soleil ne se couche jamais. Ce sont des marches épuisantes dans un paysage blafard. À l'étape, dans ce qui devrait être le soir, ils dressent leur tente et chacun s'occupe à écrire son journal ou à consigner scrupuleusement des observations scientifiques ; on peut lire par exemple d'étranges remarques d'Andrée à propos des paupières de mouettes et de l'ophtalmie des neiges. Les repas sont invariablement constitués de viande d'ours polaire, agrémentés de boîtes de jus de fruits ayant échappé

aux nombreux « délestages » et « folies gastronomiques ». Le nombre d'ours blancs consommés pendant ce voyage est d'ailleurs étonnant. Sans doute parce qu'ils font de très grosses cibles faciles à atteindre.

C'est le mois de septembre et il faut se dépêcher car la température chute de jour en jour. Le soleil est maintenant posé sur l'horizon. La glace rougeoyante offre un spectacle magnifique que tous admirent malgré leur immense fatigue. Enfin l'une des sept îles, la bien nommée île Blanche qui ressemble à un glaçon, apparaît au loin. Et, comme si le spectacle de la terre ferme était plus beau à distance, les trois hommes décident de rester sur la banquise… Ils prévoient d'hiverner en vue de l'île Blanche puis de poursuivre leur route au printemps en direction du Spitzberg. Knut Fraenkel et Nils Strindberg s'emploient à construire un vaste abri en glace, tandis qu'Andrée poursuit sa cible favorite : l'ours blanc. Dans cette nouvelle maison de glace, il leur sera possible de maintenir une température relativement douce grâce au « simple et infaillible fourneau Göransson ». Pourvus d'une bonne réserve de viande, les trois hommes s'apprêtent à passer la nuit polaire presque douillettement. Il était temps de quitter leur tente : elle est devenue une loque perpétuellement humide. De plus ils sont malades. Fraenkel, le plus costaud, souffre d'ophtalmie des neiges. Andrée, qui a quarante-quatre ans, est victime de terribles crampes qu'il soigne avec des cachets de morphine. Mais c'est le plus jeune, Nils Strindberg, dont l'état de santé est le plus préoccupant.

La fin de l'expédition

Le 2 octobre 1897, la banquise se brise soudainement et la belle maison de glace, construite avec tant de soin, est engloutie sous leurs yeux. Le journal d'Andrée, d'ordinaire si laconique, laisse paraître une certaine amertume dans la relation de cet incident. Dans un sursaut d'énergie, ils transportent vivres et matériel, traversant le chenal qui sépare la banquise de l'île Blanche pour y installer un nouveau refuge. Le froid est très vif. Les trois compagnons construisent un abri avec du bois flotté et les restes de leur tente. C'est un campement assez misérable, dans un décor triste fait de galets gris et de plaques de neige.

C'est là que, trente ans plus tard, des chasseurs de morses appartenant à un bateau norvégien trouveront les restes dispersés par les ours d'August

Salomon Andrée et Knut Fraenkel. Le corps de Nils Strindberg, mort avant ses camarades, est le seul à avoir une sépulture. C'est sur son corps que l'on retrouvera les lettres à sa fiancée Ana. Parmi les objets éparpillés sur la glace gisent les journaux de l'expédition, grâce auxquels on pourra reconstituer les étapes du drame. Il y a quelque chose d'émouvant dans cette obstination, en dépit de l'épuisement, à noter scrupuleusement chaque événement : observations scientifiques, relevés des températures mais aussi conversations échangées entre les trois compagnons. Sont rapportés jusqu'aux plaisanteries et calembours. Quant à leurs efforts et aux maladies dont à la fin les hommes sont perclus, ils sont décrits par Andrée avec un certain détachement.

Le mystère demeure sur les causes de leur mort. Le campement a été retrouvé bien pourvu en vivres et médicaments et le fourneau Göransson plein d'alcool à brûler. Il est possible qu'ils aient été intoxiqués par de la viande d'ours avariée. Vengeance de l'ours dont, on l'a vu, ils faisaient une grande consommation... Des plaques photographiques ont été retrouvées parmi les objets du camp. Elles ont été prises pendant l'expédition par Nils Strindberg. L'une d'elles montre un bel homme portant moustache, habillé assez élégamment et curieusement peu couvert dans ce décor de neige. Il pose fièrement tenant un fusil de chasse ; un de ses pieds repose sur une dépouille d'ours blanc. Cet homme, c'est August Salomon Andrée.